catch

catch your eyes ; catch your heart ; catch your mind······

Catch 234
指繪快樂

作者   Emily
編輯   連翠茉
校對   呂佳真
美編   許慈力

法律顧問   董安丹律師、顧慕堯律師
出版者   大塊文化出版股份有限公司
         台北市 10550 南京東路四段 25 號 11 樓
         www.locuspublishing.com
         讀者服務專線:0800-006689
         TEL:(02) 87123898
         FAX:(02) 87123897
郵撥帳號   18955675
戶名   大塊文化出版股份有限公司
         e-mail:locus@locuspublishing.com
總經銷   大和書報圖書股份有限公司
地址   新北市 24890 新莊區五工五路 2 號
         TEL:(02) 89902588 (代表號)
         FAX:(02) 22901658

初版一刷   2017 年 12 月
ISBN 978-986-213-842-7
定價   新台幣 320 元

美不美沒關係，指甲就是著色本

指繪快樂

Happy Nails Happy Nailart

Emily 著

前言
Introduction

要做難事之前，我會先做一些容易的事情暖身，例如修剪指甲。但指甲很快就剪完了，於是發展出塗指甲的興趣。後來又嫌只塗顏色太簡單，便挑戰在指甲上面畫東西。開始指繪，並沒那麼容易，但卻發覺更好玩。與心愛的玩具一起拍照，快樂更是加倍。原來真心歡喜的事情，就算不容易，甚至有點難，也是會讓人很快樂的。塗指甲在一般人眼中只是美化的行為，但我覺得顏色有著表達自我的力量，能讓人抒發各種情緒和感受。而在指甲上面畫畫更是微小但滿足的樂趣。塗畫需要專心，等待指甲油乾透需要耐心，重視和妝扮自己的雙手需要愛心，間或花一點時間討自己歡心。每次指繪的過程也讓我感受到，塗指甲是活在當下，是日常難得靜心冥想的時光。

一起玩指繪
一些工具和小祕訣

指繪用品

指甲油：本來我只有十瓶左右的不同品牌指甲油，自己買或愛友送的，從那樣開始玩起。後來很幸運有指甲油廠商贊助，收到一整箱。那一晚，我覺得自己是全台北最富有的人。現在裝滿兩個抽屜。我喜歡整個抽屜拿到窗前，看清楚顏色慢慢挑。

Tips: 室內的黃色燈光會干擾顏色，如果晚上挑顏色，最好用手機的白色電筒照著挑，不然隔天醒來會發現跟昨晚以為的顏色不一樣。

去光水：用來卸指甲油

稀釋液：指甲油放久了會變濃稠，很難用，效果不平滑，那便要滴一些稀釋液進去。

Tips: 雖然稀釋液比較貴，但它能延長指甲油的壽命，而且一小瓶可以用很久。

化妝棉：用來沾去光水卸指甲油，一般的化妝棉會掉棉絮，講究一些可以用無棉絮的。

Tips: 一片化裝棉可以剪成數塊指甲片尺寸，沾濕去光水後敷在指甲上，再用鋁箔紙包著手指頭，等一兩分鐘拆開，多層指甲油也能一次卸掉。（鋁箔紙可循環再用）

指繪筆（右到左）：各種粗細的毛筆，與不同大小的圓點筆。

Tips 1: 筆可以買基本的，自己用剪刀修剪到理想的粗細。

Tips 2: 筆一用完，先以紙巾擦掉多餘的指甲油，再用去光水洗，然後擦乾，才不會變硬。

Tips 3: 圓點工具很適合初學者，效果好又不容易失敗。用完馬上以紙巾擦淨，毋需清洗。

Tips 4: 更小的點可以用牙籤或珠針。

鉗子：貼貼紙、水鑽的時候用鉗子比用手指精準。

Tips: 如果家裡有貓，指甲還未乾便可能黏到空氣中的貓毛，用鉗子拉著毛的一端輕輕拉出。

塑膠片：平常買東西的包裝若有白色或透明的平滑塑膠片，可剪下來用來當指甲油的調色盤。

Tips: 繪畫時先滴一滴指甲油到膠片上，再用筆沾來畫。混色也在膠片上進行。

草圖：在紙上先想好要在每隻手指畫什麼，和用什麼顏色。

Tips1: 塗上透明指甲油作保護層，乾後便可以塗底色。繪畫的部份先大概想好順序，同一種顏色一起畫，省下洗筆的次數。

Tips2: 善用圓點筆，稍大的色塊（例如冰咖啡的深棕、馬克杯的白）可先用大的圓點筆畫出中間的部份，再用細毛筆補上邊緣。

Tips3: 畫細緻的線或圓點的時候，讓指甲油在膠片上風乾變稠一點點才動筆，飽和度會較高，以避免重覆補色增加失敗率。

Tips4: 指繪若有少量出錯，可留待最後以細毛筆塗上底色覆蓋，最後塗上透明保護層會有修飾痕跡的作用。

拍攝

全部照片也是用手機拍的，畫好指甲便拿出想拍的道具，到窗戶旁鋪一張白紙拍攝。書比較講究所以也用了場景。拍攝時要慎防貓毛黏在手指或道具上面，以免之後的照片要花很多時間修圖。

貓在曬太陽睡午覺　　　　　　拍照位置　　　　場景

拍到截稿前很緊張，所以道具都亂丟地上，要趁著白天有自然光的時間拍完。

1

JAN

大寒
小寒

$\approx\approx\approx\approx$ Week 1. $\approx\approx\approx\approx$

早午餐

Brunch

週末能在家或到外面吃早午餐，為什麼那麼愉快呢？因為這代表可以睡到飽、吃更飽，一次滿足兩個放縱的願望。

小盆栽

Plants

植物長在地球上，是大地的髮絲。室內的小盆栽像培養皿，培植大自然的小樣本，我們是家裡的科學家。如果天生不是綠手指，記得實驗失敗是科學家的平常事，再接再厲就好。

〜〜〜 **Week 3.** 〜〜〜

塗指甲

Nail art

成年人其實不需要買著色本。想畫什麼塗到指甲上
就好。

～～ Week 4. ～～

咖哩
Curry

咖哩是偉大的發明！不知道想吃什麼的時候，咖哩飯總是安全又安慰的選擇，泰式、印度、日式各有各的好吃，如果有餐廳連咖哩都做得難吃，可以放心離棄它！

〜〜〜 **Week 5.** 〜〜〜

便當

Bento

家常便當的幸福有三種：
1. 有人為你做
2. 有人讓你很想為他做
3. 你為明天的自己做

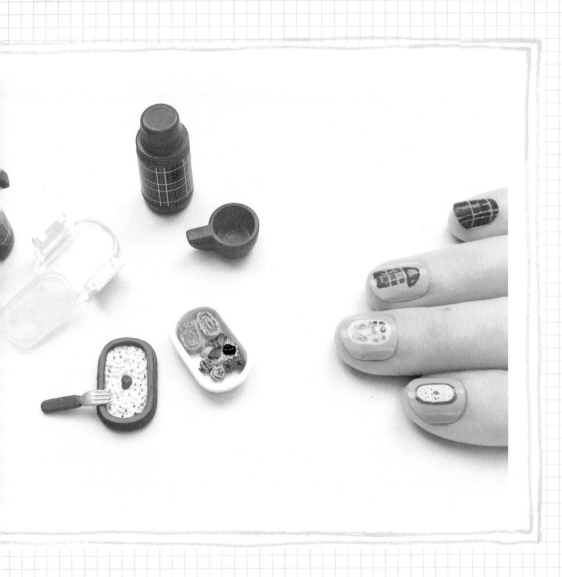

2
FEB

立春
雨水

≈≈≈ Week 6. ≈≈≈

刷牙

Brushing teeth

牙膏除了潔淨牙齒清除口氣，亦能點綴心情。常備
數款不同口味的牙膏，應當下心情選擇配對的口味，
需要刺激時用極涼或辣的，想要開心時用偏甜的，
用花香的能愉當一刻公主。

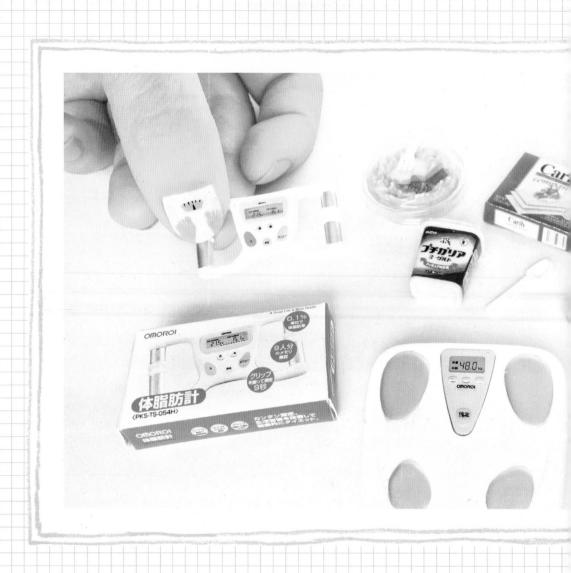

$\approx\approx\approx$ Week 7. $\approx\approx\approx$

減肥

Fitness

春天已經過去，夏天還會遠嗎？是時候誠意面對自己的體脂計，發揮累積經年的卡路里知識，吃像是惡食的高纖餅、優質蛋白質、無糖麥卡的清水……若是餓了早點睡！盼望夏天來臨前成功脫警（肉）。

$\approx\approx\approx$ Week 8. $\approx\approx\approx$

橙
Orange

橙超乘的！外表醒目亮眼，剝開皮自己分開一片片，
每片薄膜撕開還有精緻的小粒粒，每粒包裹滿滿的
汁。喝下一杯橙汁就像喝下黃金能量的健康好孩子。

旅行

Travel

偶爾能夠從天空俯瞰雲海和陸地海線，無論是高樓大廈或高山大海，都美麗壯闊，怎麼會為自己身處這世界而感動。

3

MAR

驚蟄

春分

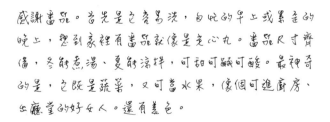

Week 10.

番茄

Tomato

感謝番茄。首先是它省易洗，匆忙的早上或累差的晚上，想到家裡有番茄就像是定心丸。番茄尺寸齊備，冬能煮湯、夏能涼拌，可甜可鹹可酸。最神奇的是，它既是蔬菜，又可當水果，像個可進廚房、出廳堂的好女人。還有差色。

Week 11.

彩虹

Rainbow

Love is Love. 台灣人亞洲第一，Yeah ！

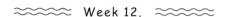

≈≈≈ Week 12. ≈≈≈

香蕉

Banana

討厭香蕉的人說，香蕉沒資格稱為水果，因為沒果
汁。那是對水果的定義太狹隘啦。討厭香蕉的人說，
香蕉咄咄逼人，太快熟爛，給人巨大的壓力。但其
實讓人抗拒的是壓力，香蕉本身是無辜的。香蕉能
抗憂鬱、飽肚子、營養豐富，是台灣的好物。

貓廁所

Cat litter

畫了這一組指甲彩繪外出，應該能從旁人的反應，
測試出誰是愛貓人，反應越大，貓性越重。

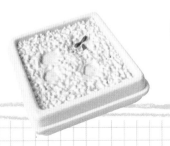

4

APR

清明
穀雨

~~~~ **Week 14.** ~~~~

喝咖啡

`Coffee`

喝咖啡代表休閒又代表工作，代表匆忙又代表慢活，
讓人放鬆又能提神。咖啡真是很會賺人錢的傢伙。

黑膠唱片

Album

音響從現場演奏、黑膠唱片、卡帶、光碟，到現在
網路下載MP3，大家也隨著科技潮流演化。然而某
首難忘的歌、一把無可取代的聲音，卻有魅力帶我
們穿越時空，回到過去。

$\approx\!\approx\!\approx$ **Week 16.** $\approx\!\approx\!\approx$

出門上班

Reminder

手機、錢包、鑰匙……盡量提醒自己，每天出門該帶的都帶齊。不過，要是萬一不小心忘記也就算了。畢竟是人嘛，能有多小心呢？有帶腦袋和幽默感也就夠了。

$\approx\approx\approx$ Week 17. $\approx\approx\approx$

雞蛋

Egg

謝謝母雞！雞蛋帶給人無數的幸福感、滿足感以及蛋白質和DHA。中式醮醬油，西式撒海鹽，日式溏心蛋，早午晚餐消夜都可以。一個人吃泡麵加青菜和一顆蛋，就是 alone but not lonely 的完善孤獨了。

==== Week 18. ====

下雨

Rain

雨是物理上與心靈上的洗滌。當陣雨是指炎熱午後一場突如其來的陣雨，來得快去得也快，雨後溫度驟降、空氣清新。若當天沒有當陣雨，悶熱到晚上會很辛苦。人的情緒或人際關係也這樣。綿綿無盡的雨會讓人陰鬱發霉，但若全熱況默沒雲沒雨，烈日終會變成詛咒。

5

MAY

立夏
小滿

Week 19.

烘焙

Baking

如果吃過自家做的麵包，明白材料之單純，嘗過真材實料的扎實滋味，就不太會想吃外面的麵包了。可是如果試過自己做蛋糕，了解當中加了多少糖和油才會好吃，便會覺得下次想吃時在外面吃一塊就好了。

冰淇淋

Icecream

冰淇淋是最棒的甜點，入口是固體，吞下去卻成為液體。想像它進入胃裡會自動滑進食物的空隙，何等費用空間。連傳說中那個甜點胃也不需要動用。

菸

Smoke

有種唏噓只能用「菸～」去形容。有些心情只能用
髒話表達。

$\approx\approx$ Week 22. $\approx\approx$

野餐

Picnic

找一天去野餐,坐在樹陰下翻書或看螞蟻,踢掉鞋
子踩土地,躺在大石上吹風曬太陽。

6

JUN

芒種
夏至

$\approx\approx\approx$ Week 23. $\approx\approx\approx$

蚊子

Mosquitoes

經個人意驗心得，最有效的殺蚊刮具是電蚊拍。經
個人意驗證明，若被蚊子叮到，抹肥皂水急救相當
有效！若不欲開殺戒，塗滿全身香茅油預防叮，
也是好的。也要忍受自己聞起來像香茅豬排。

摺紙傳情

Origami

那時沒什麼錢，卻有很多時間。那時笨拙又害羞說不出什麼情話，卻有滿腔情緒蓄意想要傾倒。於是動用大量時間，重複盂千次的手工細作，裝滿一罐，硬要塞給那個（些）人。

Week 25.

夕陽

Sunset

看了無數次日落，才明白夕陽必須有雲襯托才精彩。
萬里無雲的日子其實沒有看頭。

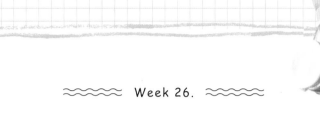

檸檬茶

Lemon Tea

泡一壺冰茶，加數片檸檬和蜂蜜，整個下午就升級。

7

JUL

小暑
大暑

奇異果

Kiwifruit

奇異果的剖面是朵奇異的花。

~~~~~~ Week 28. ~~~~~~

家常菜

Homemade food

美食潮流經常變化，只有家常菜才是永恆。感謝煮飯的家人（即使自己，也要感謝），勿挑剔，宜吃完。

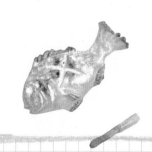

Week 29.

啤酒

Beer

啤酒是奇妙的飲料，小時候看大人喝，迫不及待也想嘗，5歲呷一口覺得苦，8歲再試，還是苦，等12歲、15歲、17歲……終於有天，可能人生真正的苦嘗過了吧，啤酒的苦原來是甘。痛快喝下，人就不用訴苦了，啤酒變成同甘的老友。無論高興或失意，也可以聚一聚，輕鬆一下。

~~~~~ Week 30. ~~~~~

火龍果

Dragon fruit

火龍果外貌兇猛，它的本質卻是祝福。夏天吃火龍
果帶來清涼甜美，亦帶來順暢。（暗示喔）但吃紅
肉火龍果之後，卻要提醒自己，我沒有尿血，也並
非腎壞不準，別怕別怕。（圖中的盆栽是火龍果的
籽種出來的火龍果綠苗。）

$\approx\approx\approx$ **Week 31.** $\approx\approx\approx$

西瓜

Watermelon

吃西瓜時對待西瓜籽的心理測驗。

1) 連籽吃下

2) 把籽儲在口腔裡，每過一陣才像機關槍掃出去

答案：以上兩者皆表示你的西瓜很好吃！

買對了，100 分。

8

AUG

立秋
處暑

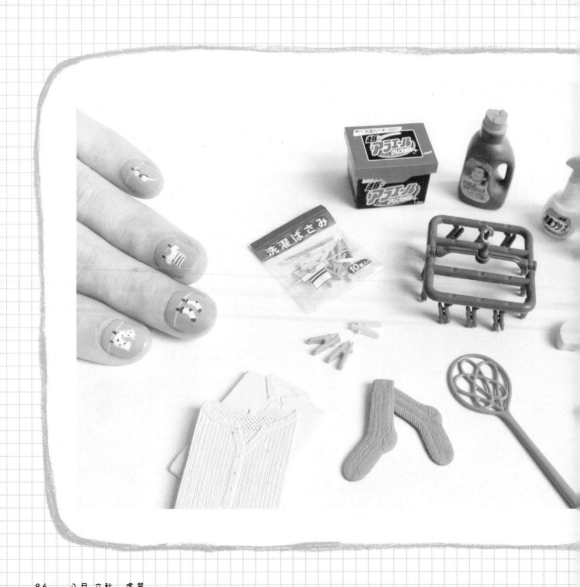

嚴夏

Hot Summer

洋人說：如果生活給你檸檬，拿來做檸檬汽水吧。
我們生於地球暖化時代的亞熱帶，如果天給我們熱
到沒人性的嚴夏，就盡量洗衣服吧。

爆米花

Popcorn

爆米花似乎是跟電影院連結最深的零食。但從前看電影，可以跟外面的攤販買滷味、烤玉米、鹽酥雞、珍奶，甚至帶麥當勞進場。後來禁止了，就只乖乖的買爆米花。又再後來，漸漸有興趣進場看的電影，可能很多都不適合邊吃邊看，只能擤完眼淚鼻涕之後喝一點水。

≋≋≋ Week 34. ≋≋≋

文具

Stationery

文具是唸書時的好戰友，陪我們用功或偷懶。而且買文具比買玩具更具正當性。一支可愛的筆、一個漂亮的新筆盒，是苦悶漫長求學期唯一的瞬間。以至於我們有些人長大後仍忍不住買精緻的文具和筆袋，雖然在電子世代已甚少用得上 ── 放在抽屜，偶爾翻出來看著仍愛不釋手，感覺自己是好乖的學生。

≈≈≈ Week 35. ≈≈≈

休養

Feel Better

要是受傷或生病，一定要休息！無論如何，一定要讓自己休息！這是人權，我們值得！多喝水睡睡覺，做自己最溫柔的母親，最體貼的情人，最懂你的醫生。

9

SEP

白露
秋分

狐狸

Fox

. . . .

狐狸回答說:「你該很有耐心。你先坐得離我遠一點,像這樣,坐在草地上。我就拿眼角看你,你不要說話。語言是誤會的泉源。但是,每天你可以坐近我一點……」

第二天小王子又來了。狐狸對他說:「最好請你同一時間來。比方說,假如你下午四點鐘來,從三點鐘開始我覺得幸福。時間越接近,我越覺得幸福。四點鐘一到,我早已坐立不安!我將發覺幸福的代價!——聖修伯里,《小王子》

~~~~~ Week 37. ~~~~~

沙灘

Beach

水景分很多種，池、塘、河、海當中，聲音店最高的是海，即是怎熱臨近看到海，會打從薦骨讚嘆：哇～～

點點

Polka dots

點點、格子、圓點乃世間三大圖案發明！條紋明快
乾淨，格子親和舒適，點點幽默可愛。貓的手因為
太可愛，所以手手唸成「手收」，而圓點也很可愛，
所以點點又發音為「點顛」。

漢堡

Burger

小時候吃漢堡大饗單純快樂，不會想到卡路里，不知什麼是鈉什麼是醣，不會想到化學，不會想到奶油，不會想到那是牛的血和肉。現在什麼也知道一點，然後想很多；什麼也只敢吃一點，然後胖很多。人生哪～

10

OCT

寒露
霜降

～～～ Week 40. ～～～

菇

Mushroom

菜都很貴的日子怎麼辦？我們還有菇。菇在在證明，
即使陰暗潮濕的暗角，也可以長出營養的好滋味。
同理可證，人生中陰鬱的日子，也有潛力從腐朽中
長出好東西。

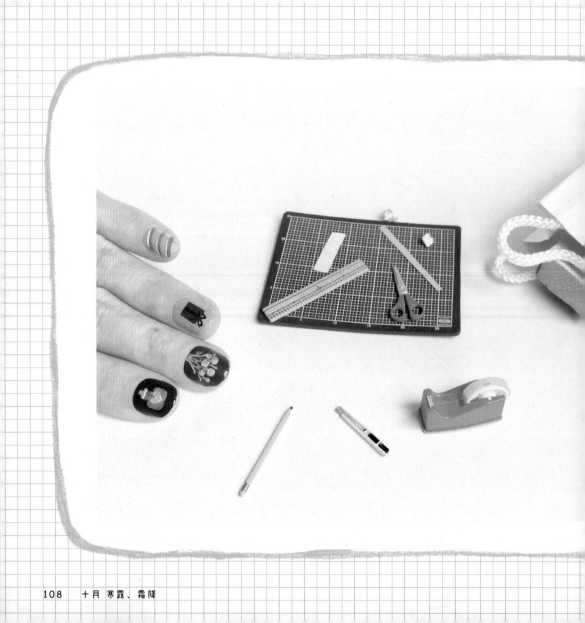

送禮物

Gift

送禮物給喜歡的人，從動念、挑選、買回家，到包裝和期待送出的每一個步驟，亦充滿喜悅。送要開開心心的送，收也快快樂樂的收，禮物是心意的流動。

Week 42.

清潔

Cleaning

願意自動自發打掃的地方，應該就是自己喜愛的地方，裡面住著你喜歡照顧的人。清潔是結界，如果覺得討厭一個地方，也可以試試打掃它，說不定就會少討厭一點。

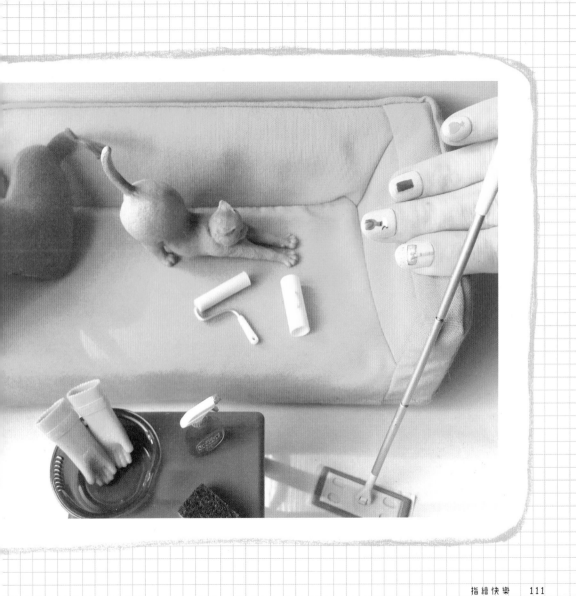

$\approx\!\approx$ Week 43. $\approx\!\approx$

萬聖節

Halloween

會哭的小孩有糖吃，會嚇唬人的小孩也有糖吃。咦，有些大人好像也是？

$\approx\!\approx\!\approx$ Week 44. $\approx\!\approx\!\approx$

鈕扣

`button`

日常物品之中，有些東西很微小、很便宜，很容易被忽視，但其實非常的美麗可愛，例如鈕扣。新買的襯衫如果自己換上一顆特色的鈕扣，馬上就變成個人客製版了。

11

NOV

立冬
小雪

$\approx\approx\approx$ Week 45. $\approx\approx\approx$

南瓜

Pumpkin

南瓜的出現總是那麼慷慨，一個便足夠做很多料理。
南瓜濃湯、南瓜派、南瓜布丁，中式的可以炒一盤
南瓜米粉或煮南瓜粥。仗著南瓜本身的香甜，好像
怎麼做都溫暖甜美。

~~~ Week 46. ~~~

草莓

Strawberry

草莓擁有接近被神化的甜美可愛形象，但近看它有
細黑毛和密集的籽，像毛孔粗大而且滿布粉刺的鼻
子。草莓不像香蕉橘子唾手可得，草莓珍貴夢幻，
像是公主的食物。若再配上上等鮮奶油海綿蛋糕，
叉子切入時蛋糕細胞破裂的聲音，只有自己聽到，
微弱清脆疑幻似真，聲音又明白稍縱即逝，感受著
期待和香氣，送入口，果然鮮甜，清爽與濕潤、軟
綿與彈性完美平衡，第一口銷魂，第二口幸福，幾
平就是戀愛了。好的草莓蛋糕很難求，所以吃到一
次記很久。

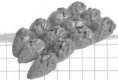

$\approx\!\approx\!\approx$ **Week 47.** $\approx\!\approx\!\approx$

甜甜圈

Donut

看韓劇日劇的其中一種副作用,是忽忽想吃劇中出
現的食物。

心肝脾肺腎

Organ

身材不夠好也沒關係，五臟俱全就是好身體。心臟每天跳十萬下，爭一口氣或吞一口氣都靠肺，人每天活著就很了不起。

12

DEC

大雪
冬至

愛自己

Love your body

上一次對自己的臉說話，是稱讚它呢還是批評它不夠美？上一次注視自己的腳又是什麼時候呢？還是如果它不痛，根本就不會特別想到腳的存在？臉啊，整天替我們面對那麼多好人和爛人，辛苦臉了；腳呢，路都是靠它支出來的，辛苦腳了。怎麼可以不好好疼疼。

~~~ **Week 50.** ~~~

丹麥奶酥餅乾

Butter Cookies

餅乾是零食，既然已經走到吃零食這一步，無非只是為了開心滿足。所以當然要從最喜歡的口味吃起！

~~~ **Week 51.** ~~~

水星逆行

Mercury retrograde

其實水逆一年約三次，每次約一個月或以上。水逆期間電器易壞、溝通易生誤會、行程或有延誤……好像很可怕？可是水逆也是回顧、重整、更新，是幸虧畫下讓人慢下來檢視問題和展現耐心的時刻。最後順或逆，亦不過是生活。祝水逆勇敢，與自己患難。（2018年水星逆行：3.23-4.15，7.26 8.19，11.17-12.7）

$\approx\approx\approx$ Week 52. $\approx\approx\approx$

紅色聖誕

Christmas

聖誕老人的傳說可以是假的，但聖誕老人送禮物給
乖小孩可以是真的。自己當聖誕老人，自己就是乖
小孩。去買一份禮物給自己。

指繪快樂 / Emily 著 . -- 初版 . -- 臺北市 :
大塊文化 , 2017.12
　　面 ;　　公分 . -- (Catch ; 234)
ISBN 978-986-213-842-7(平裝)

425.6　　　　　　　　　106020193